Bibliografische Information der Deutschen Nationalbibliothek:

Die Deutsche Bibliothek verzeichnet diese Publikation in der Deutschen National-
bibliografie; detaillierte bibliografische Daten sind im Internet über http://dnb.d-
nb.de/ abrufbar.

Impressum:

Copyright © 2015 GRIN Verlag, Open Publishing GmbH
Druck und Bindung: Books on Demand GmbH, Norderstedt Germany
ISBN: 9783668367708

Sven-David Müller

Stellenwert von Beta Glucanen. Bei welchen Erkrankungen Beta Glucane prophylaktisch oder therapeutisch erfolgreich eingesetzt werden können

GRIN Verlag

Aus der Ernährungsmedizin: Stellenwert von Beta Glucanen

Bei welchen Erkrankungen Beta Glucane prophylaktisch oder therapeutisch erfolgreich eingesetzt werden können

von Sven-David Müller, MSc.

Inhaltsverzeichnis

Beta Glucane sind natürliche Nahrungsinhaltsstoffe. Sie stehen seit mehr als vier Jahrzehnten im Focus der ernährungswissenschaftlichen und der ernährungsmedizinischen Wissenschaft sowie Forschung und zeigen in vielen Studien und Untersuchungen immer wieder signifikante Effekte insbesondere in der Immunstimulation oder der Beeinflussung der Serumlipide. Erste EU-Health Claims bestätigen eindrucksvoll die Wirkung der umfangreichen Substanzklasse. Beta Glucane sind komplexe hochmolekulare (100 bis 200 kDa) Kohlenhydrate, die nur aus D-Glukose-Molekülen aufgebaut sind und in der Zellwand verschiedener Hefen (beispielsweise Bäckerhefe) und Getreidesorten (insbesondere Hafer) vorkommen. Die Glucane sind durch ß-glykosidische Bindung miteinander verknüpft [1]. Die linear unverzweigte Polysaccharide und gehören definitionsgemäß zur Gruppe der Ballaststoffe (Faserstoffe) [2]. Entsprechend ihrer Struktur sind sie wasserlöslich oder nicht wasserlöslich. Sie liefern dem menschlichen Organismus keine Energie [Kilokalorien (kcal)] haben aber Effekte und sind nach bisherigem Kenntnisstand nicht essentiell. Beta Glucane können beispielsweise aus der Aleuronschicht des Hafer-, Weizen- und Roggenkorn oder aus den Zellwänden von Bäckerhefe (Saccharomyces cerevisiae) gewonnen beziehungsweise extrahiert werden [3, 4]. Die chemische Bezeichnung für Bäckerhefe-Beta-Glucane lautet 1-3, 1-6-ß-D-Glucane.

Beta Glucane kommen in den Zellenwänden von Hefen, Pilzen, Bakterien, Algen, Flechten und Pflanzen (insbesondere Getreide wie Hafer oder Gerste) vor. Sie werden international, insbesondere in den USA, auch als Medicalfood bezeichnet. In Deutschland gehören Beta Glucane noch nicht durchgehend zu den ernährungsmedizinischen Konzepten der Prophylaxe und Therapie bestimmter Erkrankungen, obwohl die Studienlage in bestimmten medizinischen Bereichen eine ganz andere Sprache spricht. Bei der Europäischen Behörde für Lebensmittelsicherheit sind weitere Health Claims beantragt. Hinsichtlich ihrer Bedeutung in der Therapie und Prophylaxe folgende Beta Glucane von Bedeutung [u. a. 5, 6]:

Cellulose	(ß-1,4-Glucan)
Chitin	(ß-1,4-Glucan)
Curdlan	(ß-1,3-Glucan)
Laminarin	(ß-1,3/1,6-Glucan)

Chrysolaminarin   (ß-1,3-Glucan)

Lentinan   (ß-1,6/1,3-Glucan)

Lichenin   (ß-1,3/1,4-Glucan)

Pleuran   (ß-1,3/1,6-Glucan)

Zymosan   (ß-1,3-Glucan)

Schizophyllan   (ß-1,3/1,6-Glucan)

Scluroglucan (ß-1,3/1,6-Glucan)

Die meisten Beta Glucane können nicht verdaut werden und werden im proximalen Dünndarm von Makrophagen erfasst, aufgenommen, intrazellulär fragmentiert und dann von den Makrophagen des Knochenmarks und endothelialer Retikulum transportiert. Die kleinen Beta-Glucane Fragmente werden schließlich von den Makrophagen und von anderen Immunzellen übernommen und fließen in die Immunantwort des Organismus ein [29]. Beta Glucane aktivieren das Abwehrsystem nachhaltig und das konnte in einer Vielzahl von Studien eindrucksvoll nachgewiesen werden. Daher werden Beta Glucane – insbesondere 1,3/1,6 Beta Glucane international auch als Immunstimulanzien bezeichnet.

Beta Glucane sind sicher und als Novel Food zugelassen

Beta Glucane sind nicht toxisch und zeichnen sich durch eine hervorragende Verträglichkeit aus. Die US-amerikanische Food and Drug Administration (FDA) hat Beta Glucanen u. a. aus Bäckerhefe (1,3/1,6-Beta Glucanen) 1983 mit dem sogenannten GRAS-Status (Englisch: Generally recognized as safe. Deutsch: allgemein als sicher anerkannt) klassifiziert [7]. Damit gibt es nach dem FFDCA (Federal Food, Drug and Cosmetic Act) keine Beschränkung der täglichen Aufnahme []. Auch die Europäische Behörde für Lebensmittelsicherheit (EFSA) und das Bundesinstitut für Risikobewertung (BfR) in Berlin bescheinigen beispielsweise aus Bäckerhefe extrahiertem Beta Glucan Sicherheit [8, 22]. Am 24. November 2011 erteilte die EU-Kommission die Genehmigung des Inverkehrbringens von Hefe-Beta-Glucanen (1,3/1,6-Beta Glucane) an neuartige Lebensmittelzutat (Novel Food) gemäß der Verordnung (EG) Nr. 258/97 des Europäischen Parlaments und des Rates [12, 13].

Die internationale wissenschaftliche Fachliteratur verzeichnet eine Vielzahl von Studienergebnissen, die belegen, dass Beta Glucane einen positiven Einfluss bei allergischen Reaktionen und Erkrankungen haben [14, 15]. Demgegenüber sind Allergien gegen Beta Glucane selbst nicht beschrieben und auch kaum zu erwarten, da es sich in der Regel um reine Isolate handelt. Bäckerhefe-Allergiker sollten ungeachtet des nicht mehr vorhandenen allergenen Potenzials von Beta Glucanen auf Bäckerhefebasis vorsichtshalber nicht verwenden, auch wenn es sich um allergenfreie Isolate handelt. Schwerwiegende Wechsel- und Nebenwirkungen für Beta Glucane sind bei oraler Aufnahme von Erwachsenen in der wissenschaftlichen Literatur nicht beschrieben. Demgegenüber gibt es Publikationen, die sich mit den Risiken einer Verabreichung von Beta Glucanen via Injektion beschäftigen. Vor diesem Hintergrund sollte die orale Gabe empfohlen werden. Zudem ist wichtig, dass Beta Glucane von Schwangeren und Stillenden nicht eingenommen werden [16, 17]. Die Tagesdosis sollte 15 Gramm Beta Glucane nicht überschreiten [16].

Beta Glucane in der Prophylaxe und Therapie

Beta Glucane haben vielfältige Anwendungsmöglichkeiten in der Prophylaxe und Therapie von akuten und chronischen Erkrankungen. Die hervorragende Studienlage für Beta Glucane in bestimmten Bereichen führte dazu, dass die EFSA Health Claims für bestimmte Beta Glucane autorisiert hat. Vier EFSA-Health Claims treffen Aussagen über die Reduktion des Cholesterinspiegels und einer zur Glukosehomöostase [9, 10]. Für Beta Glucane anderer Herkunft gibt es momentan (Stand April 2015) keine autorisierten Health Claims. Für aus Hafer extrahierte Beta Glucane wurde von der EFSA der Health Claim „Hafer-Beta-Glucane senken den Cholesterinspiegel im Blut. Ein hoher Cholesterinspiegel ist ein Risikofaktor für die Entwicklung einer koronaren Herzkrankheit." autorisiert [9]. Dieser Health Claim wurde auch für „Gersten-Beta Glucane" zugelassen [10]. Die Verbraucher müssen auf der Produktverpackung darauf hingewiesen werden, dass sich die positive Wirkung mit einer täglichen Aufnahme von 3 g Gersten-Beta-Glucanen oder 3 g Hafer-Beta-Glucanen einstellt. Eine Portion eines mit dem Health Claim versehenen Produkts muss mindestens 1 Gramm Beta Glucane enthalten [9, 10]. Ein weiterer autorisierter Health Claim sagt folgendes aus: „Beta-Glucane aus Hafer und Gerste tragen als Teil einer Mahlzeit zur Verringerung des

Blutzuckeranstieg nach dieser Mahlzeit bei" [11]. Aber die Effekte von Beta Glucanen gehen weit über die insbesondere lokalen Effekte im Gastrointestinaltrakt hinaus.

Verschiedene Untersuchungen widmen sich dem Einsatz von Beta Glucanen bei Adipositas und dem metabolischen Syndrom. Sie werden u. a. als wichtige Food-Komponente bei der Beeinflussung des metabolischen Syndroms [24] und zur Energieregulation bei der Prophylaxe und Therapie der Adipositas (http://jn.nutrition.org/content/130/2/272S.short) eingesetzt. Der Verzehr von ß-Glucan-reichen Nahrungsmitteln wirkt laut einer klinischen Studie mit 97 gesunden Teilnehmern positiv auf Kohlenhydratstoffwechsel und die Blutdruckregulation [31]. Durch wissenschaftliche Studien gestützte Einsatzgebiete von Beta Glucanen:

- Cholesterinspiegelsenkung* bei oraler Aufnahme
- Glukosehomöostase Optimierung* bei oraler Aufnahme
- Beeinflussung des metabolischen Syndroms
- Immunstimulanz (Einsatz beispielsweise bei HIV-Infektion, zur postoperativen Infektionsprävention oder bei Krebsleiden auch im Rahmen einer mAbs-Therapie [20])

* Health Claim durch die EFSA autorisiert

Die Anti-Tumor-Therapie mit monoklonalen Antikörpern (mAbs) kann ihrer Effizienz laut verschiedener Studien durch Beta Glucane verstärkt werden. Die Anti-Tumor-Therapie mit monoklonalen Antikörpern (mAbs) kann ihrer Effizienz laut verschiedener Studien durch Beta Glucane verstärkt werden [18, 21].

Der Stellenwert von Beta Glucanen als Immunstimulanzien

Die ausgeprägten immunologischen Wirkungen von Beta Glucanen sind in der wissenschaftlichen Fachliteratur besonders eindrucksvoll dokumentiert. Schon jetzt zeigen mehr als 800 Tier- und Humanstudien die Sicherheit und Effektivität von Beta Glucanen (besonders 1,3/1,6 Beta Glucane) in der Immunstimulation [25]. In den frühen neunzehnhundertsechziger Jahren konnte Dr. Nicholas DiLuzio Beta Glucane als Wirksubstanz des in den 1940er Jahren von Dr. Louis Pillemer als Immunmodulator bezeichneten Arzneimittels Zymosan erstmals zeigen [26]. Nachgewiesen ist insbesondere die Fähigkeit von 1,3/1,6 Beta Glucanen aus Bäckerhefe das Immunsystem und seine Zellen zielgerichtet zu aktivieren und die antimikrobielle Aktivität des Immunsystems nachhaltig zu stimulieren. Auf verschiedenen Zellen wie den Makrophagen existieren sogenannte Beta-Glucan-Rezeptoren [27].

Die antimikrobelle Immunantwort wird auf die Vermehrung der Immunrezeptoren einschließlich des Dectin-1-Komplement-Rezeptors (CR3) und TLR-2/6 der Makrophagen, Monozyten, Neutrophiler, NK-Zellen und dendritischer Zellen nach Gabe von 1,3/1,6 Beta Glucanen zurückgeführt. Als Konsequenz wird sowohl die angeborene als auch die adaptive Immunantwort durch Beta Glucane moduliert und langfristig aktiviert [29]. Nicht alle Glucane sind in der Lage, das Immunsystem anzuregen. Die richtige Anzahl und Länge der (1,3)-(1,6)-Verzweigungen und die richtige Proportion untereinander bestimmt die Fähigkeit, das Immunsystem optimal zu stimulieren. Dazu sind nach verschiedenen Untersuchungen insbesondere 1,3/1,6 Beta Glucane aus Bäckerhefe in der Lage [30].

Immunstimulanzien im Vergleich

Das EU Register für Nutrition und Health Claims für Lebensmittel weist für eine Reihe von Nahrungsinhaltsstoffen Effekte eines Immunstimulanz aus. Zudem existieren viele tausend Publikationen in diesem medizinischen Wissenschaftsbereich. Zu den klassischen Immunstimulanzien zählen unter anderem:

- Vitamin C (Askorbinsäure)
- Beta Glucane (1,3/1,6-Beta Glucane aus Bäckerhefe)
- Zink (beispielsweise Zinkhistidin)
- Omega-3-Fettsäuren
- L-Arginin
- RNA/RNS Nucleotide

Im Vergleich zu anderen Immunstimulanzien zeichnen sich 1,3/1,6 Beta Glucane dadurch aus, dass sie einer Vielzahl von publizierten Untersuchungen zufolge das unspezifische und das unspezifische Immunsystem gleichermaßen aktivieren. Die Effekte von Beta Glucanen gehen jedoch weit über das Immunsystem und den Metabolismus hinaus. In einer Studie konnte beispielsweise nachgewiesen werden, dass 1,3/1,6 Beta Glucane aus Saccharomyces cerevisae auch die Thrombozytenaggregationsaktivität durch ihre antioxidative Aktivität vermindern und eine Beta Glucan Supplementierung zur Vermeidung von blutplättchenaktivierungsbedingten Erkrankungen (KHK oder entzündliche Erkrankungen) beigetragen werden kann [28].

Der durch Beta Glucan Fragmente aktivierte Phagozyt umschließt pathogene Fremdorganismen oder Toxine, die, sofern sie nicht kurzfristig aus dem Organismus entfernt oder eliminiert werden, andernfalls in den meisten Fällen zu Erkrankungen führen würden. Außerdem setzen durch die Fragmente von Beta Glucanen aktivierte oder vielmehr geprimte Makrophagen Botenstoffe (beispielsweise Zytokine) frei, die eine Kettenreaktion von immunbezogenen Funktionen auslösen: Einige stimulieren die Bildung von weiteren Makrophagen, andere senden Nachrichten an B- und T-Zellen, die eine anpassungsfähige Immunreaktion veranlassen, wiederum andere regulieren die Entzündungsreaktionen. Es ist nachgewiesen, dass Leukozyten und extravaskuläre Makrophagen einen spezifischen Glucanrezeptor aufweisen [32].

Aktuelle Studien zu Beta Glucanen in der Immunologie und Tumortherapie

Jie Tian et al.: **β-Glucan enhances antitumor immune responses by regulating differentiation and function of monocytic myeloid-derived suppressor cells, Eur. J. Immunol. 2013. 43: 1220–1230**

In der Publikation von Jie Tian et al werden aus Hefe isolierte Beta Glucane als immunmodulatorische Verbindungen bezeichnet. Diese verbessern die Infektionsabwehr und üben eine antikanzerogene Wirkung aus. In verschiedenen Studien konnten Beta Glucane unter anderem zeigen, dass sie die Inzidenz von Infektionen der oberen Atemwege reduzieren, die IgA im Speichel erhöhen und das IL10 Level bei Übergewichtigen positiv beeinflussen sowie die immunologischen Parameter bei Allergikern verbessern und die Monozyten bei Krebspatienten aktivieren. **In Tierversuch kommt es u. a. nach der oralen Gabe von Beta Glucan aus Hefe zum geringeren Auftreten von bakteriellen Infektionen und zur verminderten Ausschüttung von Stress-induzierten Zytokinen.**

D. Xiang et al.: Anti-Tumor Monoclonal Antibodies in Conjunction with ß-Glucans: A Novel Anti-Cancer Immunotherapy, *Current Medicinal Chemistry, 2012 Vol. 19, No. 1*

Monoklonale Antikörper (mAbs) haben sich im Bereich der Krebs-Immuntherapie in den letzten Jahren etabliert und werden bereits weltweit bei soliden Tumoren und malignen hämatologischen Krankheitsbildern genutzt. Seit einigen Jahren beschäftigen sich viele Forschergruppen damit, Möglichkeiten zu finden, die die mAbs-Therapie effektiver machen können. Die Kombinationstherapie von Antitumor-mAbs mit Chemotherapeutika ist weit verbreitet. Zudem werden verschiedene Immunstimulantien für diesen Zweck untersucht. In präklinischen Tiermodellen und auch klinischen Studien hat insbesondere Beta Glucan vielversprechende Ergebnisse gezeigt. Dies trifft insbesondere für die aus Hefe extrahierten Beta Glucane zu. Die immunstimulierenden Effekte von Beta Glucanen sind u. a. darauf zurückzuführen, dass sie spezifisch an den Rezeptor 3 (CR3) durch Lektin-ähnliche Domänen (LLD) andocken und sie die CR3 zelluläre Zytotoxizität von iC3b coated Tumorzellen erhöhen. Zusätzlich stimulieren Beta Glucane sowohl die angeborene und die erworbene Antitumor-Immunreaktion des Organismus. **Die Effektivität der Kombination von Anti-Tumor-mAbs und Beta Glucanen konnte in Phase I/II und III-Studien nachgewiesen werden.**

Bing Li et al.: Orally Administered Particulate ß-Glucan Modulates Tumor-Capturing Dendritic Cells and Improves Antitumor T-Cell Responses in Cancer, *Clin Cancer Res* 2010;16:5153-5164

Die Studie von Bing Li et al. zeigt die Ergebnisse nach oraler Verabreichung von Beta Glucan in Milz, Lymphknoten und aktivierten DCs. Zusätzlich wurden während der Untersuchung die IFN-γ-Produktion der tumor-infiltrierenden T-Zellen und CTL-Antworten untersucht. Nach Beta Glucan Gabe wurden die Laborparameter positiv beeinflusst, was letztlich die Tumorlast reduziert. Zudem hat die Verabreichung nach Aussagen der Wissenschaftler weitere Anti-Krebs-Wirkungen. **Die Autoren der Studie folgern, dass die erhobenen Daten** die Fähigkeit der aus Hefe isolierten Beta Glucane die Einbeziehung in die Tumor-Immuntherapie rechtfertigen können.

Michael Driscoll et al.: Therapeutic potential of various β-glucan sources in conjunction with anti-tumor monoclonal antibody in cancer therapy, Cancer Biology & Therapy 8:3, 218-225; 1 February 2009

Die Studie von Michael Driscoll und Kollegen untersucht die Wirksamkeit von verschiedenen Beta Glucanen. Die Veröffentlichung der Ergebnisse zeigt, dass Beta Glucane aus Hefe in Kombination mit Anti-Tumor-mAbs zu einer signifikant geringeren Tumorbelastung und verbessertem Langzeit-Überleben im Vergleich zu mAbs allein oder Beta Glucanen aus Pilzen führen. Weitere Untersuchungen haben zudem gezeigt, dass Beta Glucane aus Hefe denen anderer Herkunft bei der Induktion der Zytokinsekretion (insbesondere IL-12-Produktion in den dendritischen Zellen) überlegen waren. **Die Wirkung der Hefe Beta Glucane kann nach Ansicht der Autoren zu einem Teil auf die Zytokinsekretion von DCs und Makrophagen sowie der hohen Bioverfügbarkeit der aktiven Beta Glucan Einheit zurückgeführt werden. Die Wissenschaftler folgern abschließend, dass 1,3/1,6 Beta Glucane eine viel höhere Aktivität in der Tumortherapie zeigen, als aus Pilzen extrahierten Beta Glucanen.**

Vaclav Vetvicka et al.: A Comparison of Injected and Orally Administered β-glucans, JANA Vol. 11, No.1, 2008

In den vergangenen Jahrzehnten sind Beta Glucane ausgiebig hinsichtlich ihrer pharmakologischen Wirkungen untersucht worden. Die Autoren der Arbeit beschreiben, dass trotz der eingehenden Forschung bislang wenig über die optimale Dosis und/oder die optimale Verabreichung bekannt ist. In ihrer Veröffentlichung berichtet Vaclav Vetvicka über das Ergebnis des Vergleichs der immunstimulierenden Aktivitäten von vier im Handel erhältlichen Glucanen hinsichtlich ihrer Löslichkeit und Quelle. Darüber hinaus haben die Wissenschaftlicher einen Vergleich zwischen intraperitoneale und orale Applikation durchgeführt. Die erhobenen Daten zeigen große Unterschiede in der Aktivität der verschiedenen Beta Glucane. Die aus Hefe extrahierten Beta Glucane zeigten die besten Ergebnisse. Ferner konnte gezeigt werden, dass die orale Verabreichung von Beta Glucan zu einer signifikanten immunologische Aktivität führt, die der der i.v.-Applikation praktisch entsprach. Der Effekt nach Verabreichung war dosisabhängig langfristig und hielt bis zu zwei

Wochen an. **Die Autoren stellten insgesamt fest, dass Beta Glucane aus Hefe den stärksten immunstimulierenden Effekt haben und oral verabreicht werden können.**

Xuhi Zhou et al.: The Role of Complement in the Mechanism of Action of Rituximab for B-Cell Lymphoma: Implications for Therapy, _The Oncologist_ 2008;13:954–966

Rituximab ist ein gentechnisch hergestellter chimärer monoklonaler anti-CD20-Antikörper, der von der FDA für die Krebsimmuntherapie zugelassen wurde. Rituximab wird insbesondere bei Non-Hodgkin-Lymphomen und anderen Lymphomen eingesetzt. Problematisch ist, dass rund 50 Prozent der Patienten nicht auf Rituximab reagieren und/oder eine Resistenz entwickeln. Wissenschaftler haben verschiedene Strategien entwickelt, um die Wirkung auch bei diesen Patienten zu verbessern. Effektiv dafür war unter anderem die Verbesserung des ADCC-Effekts durch immunmodulatorische Zytokine und dem CR3-Binding-Glucan. **Umfangreiche Studien zeigen, dass Rituximab kombiniert mit Beta Glucanen in der Tumortherapie effektiver ist, als die Monotherapie mit Rituximab.**

Shakeel Modaka at al.: Case report - Rituximab therapy of lymphoma is enhanced by orally administered (1,6),(1,4)-d-ß-glucan, Leukemia Research 29 (2005) 679–683

In einem Case-Report berichten Shakeel Modaka und Kollegen über ihre Untersuchung der Kombination von Rituximab und Beta Glucan an CD-20-positive Lymphom-Xenotransplantaten in SCID-Mäusen. Beta Glucane binden an den Leukozyten-Rezeptor CR3, primen ihn für die Bindung an iC3b und triggern die Zytotoxizität von iC3b-coated Tumorzellen. Die Arbeitsgruppe konnte bei den Mäusen mit Non-Hodgkin-Lymphomen (NHL) oder Morbus Hodgkin unter Kombinationstherapie von Rituximab und Beta Glucan im Vergleich zu Rituximab- oder Beta Glucan-Monotherapie das Tumor-Wachstum maximal unterdrücken. **Die Überlebensrate von Mäusen mit disseminierten Lymphomen war in der Kombinationsgruppe im Vergleich zu anderen Behandlungsgruppen signifikant erhöht. Es wurde keine Toxizität beobachtet.**

Nai-Kong V. Cheung et al.: Orally administered _b_-glucans enhance anti-tumor effects of monoclonal antibodies, Cancer Immunol Immunother (2002) 51: 557–564

Beta Glucane „primen" Leukozyten für eine erhöhte Zytotoxizität und wirken synergistisch mit Anti-Tumor-monoklonalen Antikörpern (mAbs). Die Arbeitsgruppe von Nia-Kong V.

Cheung untersuchte unter Verwendung des immundefizienten Xenograft-Tumormodells die Anti-Tumor-Wirkung und die physikalisch-chemischen Eigenschaften von Beta Glucanen. 29 Tage lang wurde in der Untersuchung täglich Beta Glucan verabreicht und mAbs intravenös zweimal wöchentlich injiziert. Die „Kontrollmäuse" hingegen erhielten entweder nur mAbs oder nur Beta Glucane. Als Gradmesser der Wirksamkeit wurde u. a. die Tumorgröße überwacht. Die Untersuchung zeigte, dass sich die Anti-Tumor-Wirkung gegen etablierte Tumoren nach oraler Verabreichung von Beta Glucanen in Kombination mit mAbs stark verbesserte und die Tumoren deutlich schrumpften. Die Forscher beobachten, dass die Beta Glucan Wirkung unabhängig von Antigen (GD2, GD3, CD20, epidermaler Wachstumsfaktor-Rezeptor, HER-2), dem Tumortyp (Neuroblastom, Melanom, Lymphom, epidermoides Karzinom und Brustkarzinom) oder der Tumorlokalisation (subkutan versus systemische) war. **Die Autoren der Publikation empfehlen die Einbeziehung vor diesem Hintergrund, dass Beta Glucane bei oraler Gabe in die Anti-Tumor-Therapie einbezogen werden sollten, da sie wirksam sind und mit ihnen kein Risiko verbunden ist.**

Einnahme von Beta Glucanen

Beta Glucane wurden intensiv über Jahrzehnte bezüglich seiner pharmakologischen Effekte untersucht und die Beta Glucan Forschung ist noch nicht abgeschlossen. Die orale Gabe ergab in Untersuchungen eine signifikante immunologische Aktivität, die in Abhängigkeit von der Dosis bis zu zwei Wochen andauerte [19]. Sinnvoll erscheint im Bereich der Steigerung der Abwehrkräfte die Kombination mit anderen Immunstimlanzien wie beispielsweise Vitamin C (Askorbinsäure).

Einsatzmöglichkeiten und Zielgruppen

Beta Glucane (1,3/1,6 Beta Glucane wie beispielsweise Rydex375) sollten insbesondere bei abwehrgeschwächten Personen, Rekonvaleszenten, Infektanfälligen, chronisch Kranken (beispielsweise Diabetiker), Senioren oder Menschen, die vor einer größeren Operation stehen, empfohlen werden. Auch postoperativ scheint die Anwendung von Beta Glucanen sinnvoll. Beta Glucane finden ihre Zielgruppe insbesondere bei gesundheitsbewussten Menschen, die medizinische Prävention durch natürliche Nahrungsbestandteile betreiben möchten.

Zusammenfassung:

In den letzten Jahrzehnten verzeichnet die Beta Glucan Forschung eindrucksvolle Ergebnisse, die den Einsatz des unverdaulichen Polysaccharids bei verschiedenen Erkrankungen rechtfertigen. Die Indikationen für die Beta-Glucan Supplementierung sind insbesondere Dyslipoproteinämien, Blutglucoseregulationsstörungen und eine Immunschwäche. Während aus Getreide extrahierte Beta Glucane insbesondere metabolische Wirkungen haben, haben aus Bäckerhefe isolierte 1,3/1,6 Beta Glucane eine nachhaltige Wirkung auf das angeborene und erworbene Immunsystem. Die EFSA hat für Beta Glucane Health Claims autorisiert und die FDA hat ihnen den GRAS-Status gegeben und sie als absolut sicher bezeichnet. Insbesondere der Einsatz als Immunstimulanz und Naturpräparat zur effektiven LDL-Cholesterin-Senkung sollten Beta Glucane einen festen Stellenwert auch in der Selbstmedikation haben.

Autor:

Sven-David Müller, Master of Science in Applied Nutritional Medicine (Angewandte Ernährungsmedizin)
Staatlich anerkannter Diätassistent und Diabetesberater der Deutschen Diabetes Gesellschaft (DDG)

1. Vorsitzender des Deutschen Kompetenzzentrum Gesundheitsförderung und Diätetik e.V.

Heinersdorfer Straße 38
12209 Berlin-Lichterfelde

www.svendavidmueller.de
www.dkgd.de
sdm@svendavidmueller.de
Literatur/Quellen:

Diätetik und Ernährungsberatung, Hrsg. Eva Lückerath und Sven-David Müller, Haug Verlag Stuttgart, 2014

Berufs- und Beratungspraxis für Diätassistenten und Ernährungswissenschaftler, Hrsg. Sven-David Müller und Kathrin Pfefferkorn, Mainz Verlag Aachen, 2015

[1]   http://www.nlm.nih.gov/cgi/mesh/2008/MB_cgi?mode=&term=Glucans, 13.04.2015, 14.17

[2]   https://www.ernaehrungs-umschau.de/fileadmin/Ernaehrungs-Umschau/pdfs/pdf_2012/04_12/EU04_2012_242_243.Markt.pdf, 13.04.2015, 14:07

[3]   Hampshire J.: Zusammensetzung und ernährungsphysiologische Qualität von Hafer, Ernährung/Nutrition, Vol. 22

[4]   http://www.betaglucan.org/, 13.04.2015, 14.50

[5]   http://pubs.acs.org/doi/abs/10.1021/ol0483448, 13.04.2015, 14.25

[6]   http://www.mdpi.com/1420-3049/10/1/6, 13.04.2015, 14.46

[7]   http://www.betaglucan.org/FDAGRAS.htm, 13.04.2015, 16.16

[8]   http://www.bfr.bund.de/cm/343/EFSAopinionBeta-GlucanHefe2011.pdf, 13.04.2015, 16.24

[9]   http://www.efsa.europa.eu/en/efsajournal/doc/1885.pdf, 13.04.2015, 16.02

[10]   http://www.efsa.europa.eu/en/efsajournal/doc/2471.pdf, 13.04.2015, 16.03

[11]   http://www.efsa.europa.eu/en/efsajournal/doc/2207.pdf, 13.04.2015, 16.10

[12]   http://www.bfr.bund.de/cm/343/durchfuehrungsbeschluss-der-kommission-hefe-beta-glucane.pdf, 13.04.2015, 14.28

[13]   http://ec.europa.eu/nuhclaims/, 13.04.2015, 15.06

[14]   http://www.ncbi.nlm.nih.gov/pubmed/17379290, 14.04.2015, 17.03

[15]   http://onlinelibrary.wiley.com/doi/10.1002/fsn3.11/full, 14.04.2015, 10.23

[16]   http://www.webmd.com/vitamins-supplements/ingredientmono-1041-beta%20glucans.aspx?activeingredientid=1041&activeingredientname=beta%20glucans, 16.04.2015, 12.06

[17]   http://www.bfr.bund.de/cm/343/EFSAopinionBeta-GlucanHefe2011.pdf, 16.04.2015, 13.14

[18]   Bing Li et al.: Yeast ß-Glucan Amplifies Phagocyte Killing of iC3b-Opsonized Tumor Cells via Complement Receptor 3-Syk-Phosphatidylinositol 3-Kinase Pathway, The Journal of Immunology, 2006, 177: 1661–1669

[19]   Vetvicka V. et al.: A Comparison of Injected and Orally Administered ß-glucans, JANA Vol. 11, No.1, 2008, 42-49

[20]   Hong F. et al.: ß-Glucan Functions as an Adjuvant for Monoclonal Antibody Immunotherapy by Recruiting Tumoricidal Granulocytes as Killer Cells, CANCER RESEARCH 63, 9023–9031, December 15, 2003

[21]   http://www.jimmunol.org/content/173/2/797, 16.04.2015, 10.43

[22]   http://www.bfr.bund.de/cm/343/EFSAopinionBeta-GlucanHefe2011.pdf, 15.04.2015, 9.32

[23]   Othman et al.: Cholesterol-lowering effects of oat β-glucan. Nutr Rev. 2011 Jun;69(6):299-309

[24]   http://www.ncbi.nlm.nih.gov/pmc/articles/PMC3236515/, 16.04.2015, 8.43

[25]   http://www.beta13dglucan.org/betaglucanhistory.html, 12.04.2015, 17.56

[26]   http://www.beta-glucan.org/history.htm, 12.04.2015, 18.14

[27]   http://www.ncbi.nlm.nih.gov/pubmed/11544516, 16.04.2015, 14.04

[28]   http://www.ncbi.nlm.nih.gov/pubmed/20446807, 16.04.2015, 15.37

[29]   Hong F. et al.: ß-Glucan Functions as an Adjuvant for Monoclonal Antibody Immunotherapy by Recruiting Tumoricidal Granulocytes as Killer Cells, CANCER RESEARCH 63, 9023–9031, December 15, 2003

[30]   http://jem.rupress.org/content/197/9/1119.full.pdf, 16.04.2015, 17.16

[31]   Maki et al.: Effects of consuming foods containing oat beta-glucan on blood pressure, carbohydrate metabolism and biomarkers of oxidative stress in men and women with elevated blood pressure. Eur J Clin Nutr. 2007 Jun;61(6):786-95

[32]   Brown et al.: J. Experimental Medicine, Vol. 197(9):1119-1124, 2003

[33]   Chan et al. J Hematol Oncol 2009

[34]   http://www.fda.gov/Food/IngredientsPackagingLabeling/GRAS/ucm2006850.htm, 17.04.2015, 12.52